U0261766

“十四五”国家重点图书出版规划项目
2020年度国家出版基金资助项目
第八届中华优秀出版物（图书）奖
2022年度“中国好书”

（第二辑）

跟全景看·国之重器

“天眼”探秘

超 侠 著 /孙京海 主编 /张 杰 总主编

北方联合出版传媒（集团）股份有限公司
辽宁少年儿童出版社
沈 阳

图书在版编目（CIP）数据

“天眼”探秘 / 超侠著；孙京海主编. — 沈阳：辽宁少年儿童出版社，2022.1（2023.5 重印）
（AR全景看・国之重器 / 张杰总主编. 第二辑）
ISBN 978-7-5315-8975-4

Ⅰ. ①天… Ⅱ. ①超… ②孙… Ⅲ. ①射电望远镜—中国—少年读物 Ⅳ. ①TN16-49

中国版本图书馆CIP数据核字（2022）第021286号

“天眼”探秘
Tianyan Tanmi
超　侠 著　孙京海 主编　张　杰 总主编
出版发行：北方联合出版传媒（集团）股份有限公司
辽宁少年儿童出版社
出 版 人：胡运江
地　　址：沈阳市和平区十一纬路25号
邮　　编：110003
发行部电话：024-23284265　23284261
总编室电话：024-23284269
E-mail:lnsecbs@163.com
http://www.lnse.com
承 印 厂：鹤山雅图仕印刷有限公司

策　　划：张国际　许苏葵
责任编辑：梁　严　武海山
责任校对：李　婉
封面设计：精一・绘阅坊
版式设计：精一・绘阅坊
插图绘制：精一・绘阅坊
责任印制：吕国刚

幅面尺寸：210mm × 284mm
印　　张：3　　　　　字数：60千字
插　　页：4
出版时间：2022年1月第 1 版
印刷时间：2023年5月第 4 次印刷
标准书号：ISBN 978-7-5315-8975-4
定　　价：58.00 元

AR使用说明

1 设备说明

本软件支持Android4.2及以上版本，iOS9.0及以上版本，且内存（RAM）容量为2GB或以上的设备。

2 安装App

①安卓用户可使用手机扫描封底下方“AR安卓版”二维码，下载并安装App。

②苹果用户可使用手机扫描封底下方“AR iOS版”二维码，或在App Store中搜索“AR全景看·国之重器”，下载并安装App。

3 操作说明

请先打开App，将手机镜头对准带有 图标的页面（P22），使整张页面完整呈现在扫描界面内，AR全景画面会立即呈现。

4 注意事项

①点击下载的应用，第一次打开时，请允许手机访问“AR全景看·国之重器”。

②请在光线充足的地方使用手机扫描本产品，同时也要注意防止所扫描的页面因强光照射导致反光，影响扫描效果。

丛书编委会

主编简介

总主编

张杰：中国科学院院士，中国共产党第十八届中央委员会候补委员，曾任上海交通大学校长、中国科学院副院长与党组成员兼中国科学院大学党委书记。主要从事强场物理、X射线激光和“快点火”激光核聚变等方面的研究。曾获第三世界科学院(TWAS)物理奖、中国科学院创新成就奖、国家自然科学二等奖、香港何梁何利基金科学技术进步奖、世界华人物理学会“亚洲成就奖”、中国青年科学家奖、香港“求是”杰出青年学者奖、国家杰出青年科学基金、中科院百人计划优秀奖、中科院科技进步奖、国防科工委科技进步奖、中国物理学会饶毓泰物理奖、中国光学学会王大珩光学奖等，并在教育科学与管理等方面卓有建树，同时极为关注与关心少年儿童的科学知识普及与科学精神培育。

分册主编

孙京海：国家天文台青年研究员。本科毕业于清华大学精密仪器与机械学系。研究生阶段师从南仁东，开展500米口径球面射电望远镜馈源支撑系统的仿真分析和运动控制方法研究。毕业后加入国家天文台FAST工程团队工作。

李向阳：“蛟龙”号试验性应用航次现场副总指挥，自然资源部中国大洋矿产资源研究开发协会办公室科技与国际合作处处长。

庞之浩：教授，现为中国空间技术研究院研究员，全国空间探测技术首席科学传播专家，中国空间科学传播专家工作室首席科学传播专家，卫星应用产业协会首席专家，《知识就是力量》《太空探索》《中国国家天文》杂志编委。其主要著作有《宇宙城堡——空间站发展之路》《登天巴士——航天飞机喜忧录》《太空之舟——宇宙飞船面面观》《中国航天器》等。主持或参与编著了《探月的故事》《载人航天新知识丛书》《神舟圆梦》《科学的丰碑——20世纪重大科技成就纵览》《叩开太空之门——航天科技知识问答》等。

赵建东：供职《中国自然资源报》，多年来，长期从事考察极地科学研究工作并跟踪报道。2009年10月—2010年4月，曾参加中国南极第26次科学考察团，登陆过中国南极昆仑站、中山站、长城站三个科考站，出版了反映极地科考的纪实性图书——《极至》，曾牵头出版《建设海洋强国书系》，曾获得第23届中国新闻奖，在2016、2018年获得全国优秀新闻工作者最高奖——长江韬奋奖提名。

熊伟：《兵器知识》杂志社副主编。至今已在《兵器知识》《我们爱科学》等期刊上发表科普文章200余篇；曾参与央视七套《军事科技》栏目的策划，撰写了《未来战场》《枪械大师》系列片的脚本文案，央视国防军事频道的《现代都市作战的步兵装备》等脚本文案；曾担任《中国科普文选（第二辑）·利甲狂飙》一书主编。

序

我国科技正处于快速发展阶段，新的成果不断涌现，其中许多都是自主创新且居于世界领先地位，中国制造已成为我国引以为傲的名片。本套丛书聚焦“中国制造”，以精心挑选的六个极具代表性的新兴领域为主题，并由多位专家教授撰写，配有500余幅精美彩图，为小读者呈现一场现代高科技成果的饕餮盛宴。

丛书共六册，分别为《“嫦娥”探月》《“蛟龙”出海》《“雪龙”破冰》《“天宫”寻梦》《无人智造》《“天眼”探秘》。每一册的内容均由四部分组成：原理、历史发展、应用剖析和未来展望，让小读者全方位地了解“中国制造”，认识到国家日益强大，增强民族自信心和自豪感。

丛书还借助了AR（增强现实）技术，将复杂的科学原理变成一个个生动、有趣、直观的小游戏，让科学原理活起来、动起来。通过阅读和体验的方式，引导小朋友走进科学的大门。

孩子是国家的未来和希望，学好科技，用好科技，不仅影响个人发展，更会影响一个国家的未来。希望这套丛书能给小读者呈现一个绚丽多彩的科技世界，让小读者遨游其中，爱上科学研究。我们非常幸运地生活在这个伟大的新时代，我们衷心希望小读者们在民族复兴的伟大历程中筑路前行，成为有梦想、有担当的科学家。

中国科学院院士

目　录

第一章 天文学与天文望远镜

最早的天文学出现在古代的祭祀里，那时没有天文望远镜，只能凭借肉眼“观星”。直到1609年，科学家伽利略发明了望远镜，他用望远镜观察天空，看到了许多肉眼看不到的星星，从此，天文学进入了望远镜时代。随着望远镜性能的改进和提高，天文学也迅速发展，人类看到了更加广阔的星空，看到了更深远的宇宙。

第一节
神秘的天文学

天上为什么会有那么多的星星？它们为什么不会掉下来？为什么会有天狗食月？日食是怎么回事？彗星为什么会有长长的尾巴？为什么地球会围绕着太阳转？银河系究竟有多大？宇宙是怎么出现的？宇宙到底有多大？这些都是天文学研究的问题，许多神秘的未解之谜，都包含在天文学这门学科里。

1 你不知道的天文学

天文学是一门研究宇宙空间天体、宇宙的结构和发展的学科，包括天体的构造、性质和运行规律等。它是一门非常古老的学科，自人类仰望星空苦苦地求索宇宙奥秘的时候，这门学科就与人类休戚相关了。不过，天文学可不是看星星、看月亮那么简单，它是一门“算”的学科——即用数学和物理工具去探究星体的特性、宇宙的规律。

NASA

按照研究方法

天文学按研究方法分为天体测量学、天体力学和天体物理学三大分支学科。天体测量学主要是研究和测定天体的位置和运动，并建立基本参考坐标系，确定地面点的坐标；天体力学主要是用力学规律来研究天体的运动和形状；天体物理学则是利用物理学的技术、方法、理论来研究天体的形态、结构、物理条件、化学组成、演化规律等。

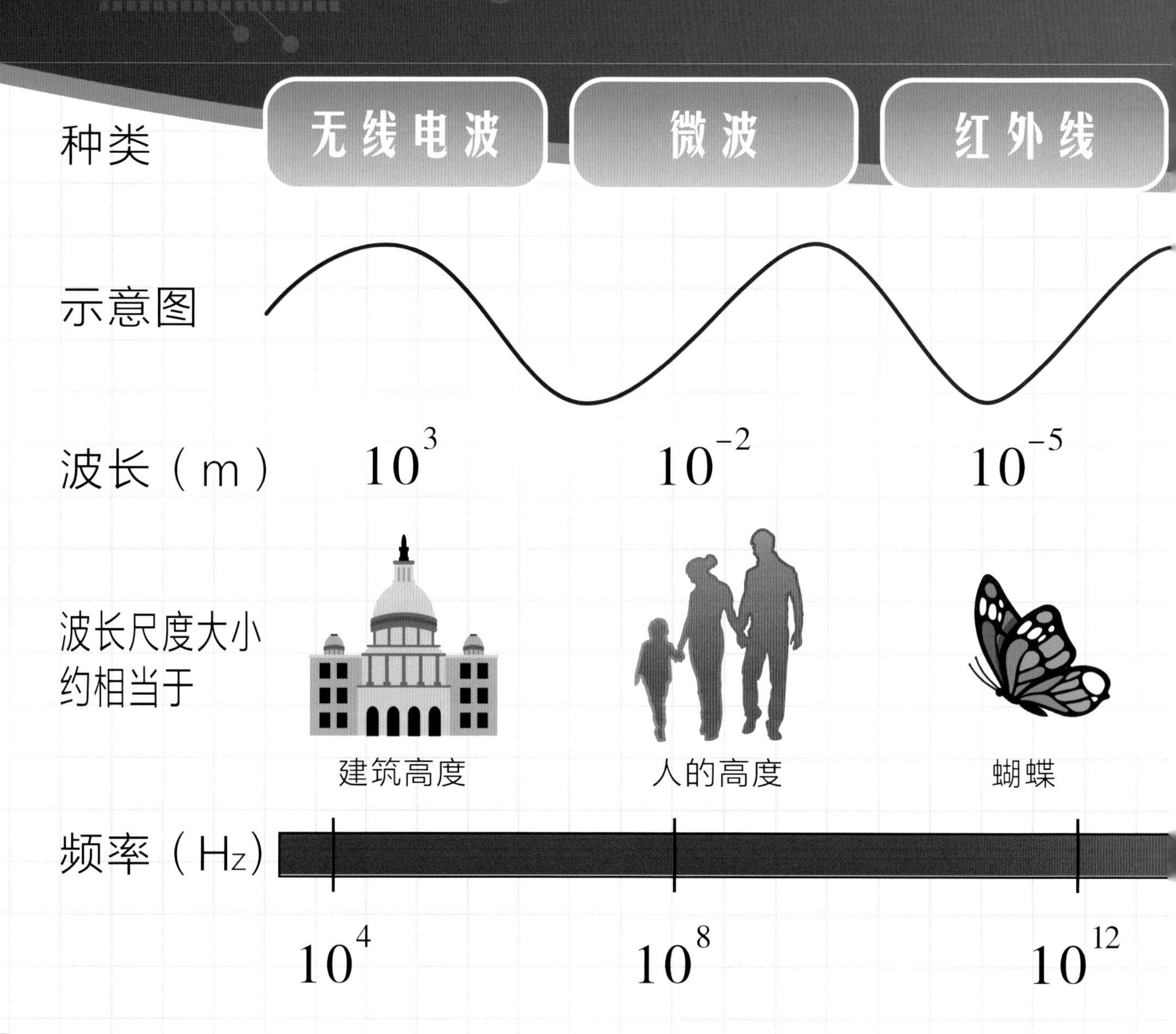

按照观测手段

天文学按观测手段，又分为光学天文学、射电天文学和空间天文学几个分支学科。光学天文学基本上就是利用光学望远镜、光度测量仪器、分光仪器、偏振光测量仪器等来观测和研究天体的形态、结构；射电天文学则以无线电接收技术为观测手段，观测所有天体；空间天文学是在高层大气和大气外层空间区域进行天文观测和研究，比如发射各种卫星等，它突破了地球大气这道屏障，扩展了天文观测波段，能够观测来自外层空间的整个电磁波谱。

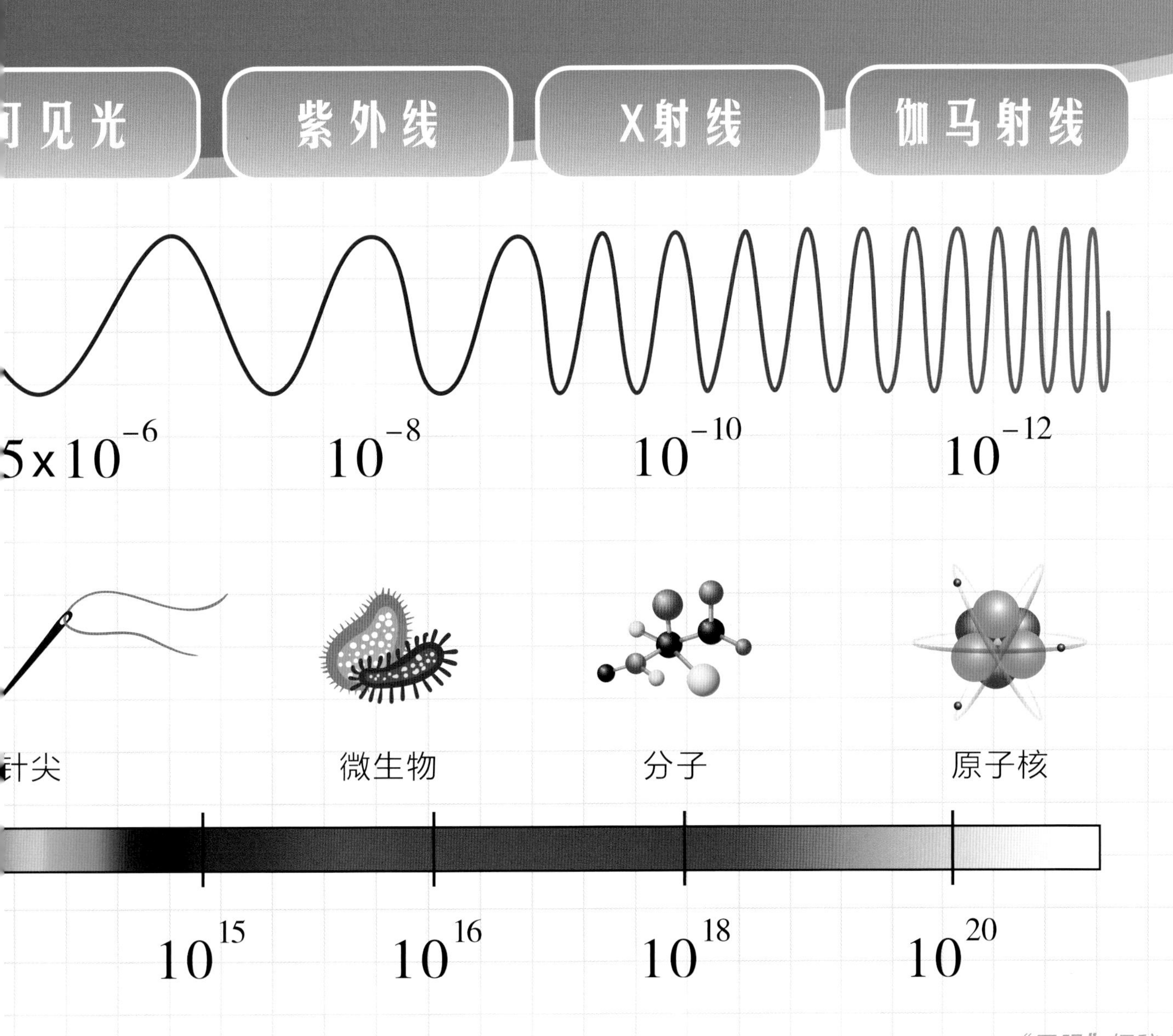

我国古代天文学起步很早，从原始社会就开始了。尧帝时代，就设立了专职的天文官，专门从事“观象授时”。而在仰韶文化时期，就对太阳以及太阳黑子等有所观察和描绘。我国有世界上最早最完整的天象记载，是欧洲文艺复兴以前天文现象最精确的观测国和记录的最好保存国，在天象观察、仪器制作和编订历法方面都取得了重大的成就。

世界上最古老的天文著作——《甘石星经》

《甘石星经》是我国古代天文历算著作和观测记录，也是世界上现存最早的天文著作之一。它仅次于公元前1800年的巴比伦星表。据说战国秦汉时期两个重要的天文学派的甘德和石申经观测金、木、水、火、土五个行星的运行，并发现其出没规律，写出了这部天文学著作。后人把其合起来，称为《甘石星经》。书中所载，发现木星的3号卫星，比意大利伽利略和德国麦依尔的同一发现早近2 000年，甘德、石申所测定的恒星记录，是世界上最早的恒星表，它比欧洲第一个恒星表——希腊依巴谷的星表早了约200年。

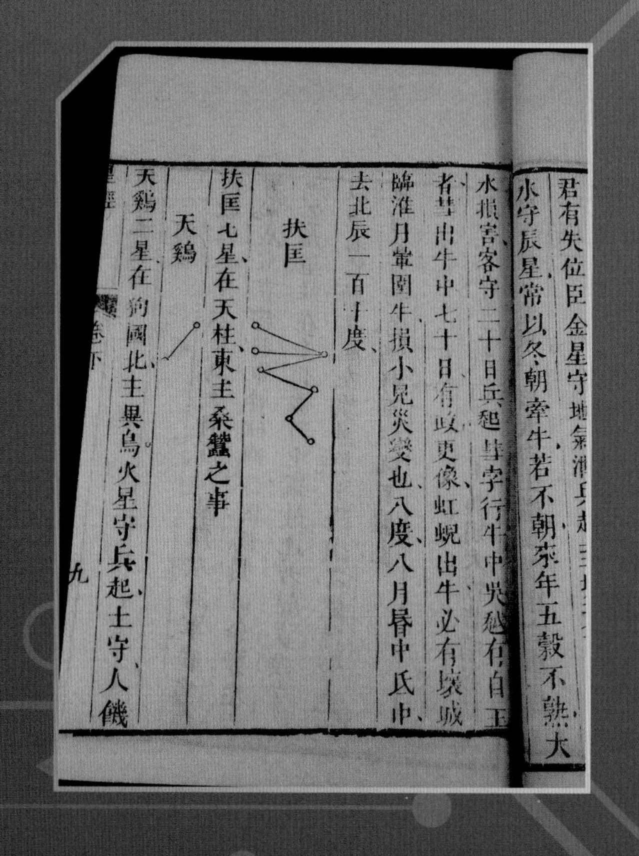
小守辰星常以冬朝牽牛若不朝來年五穀不熟大
水損害客守二十日兵起彗孛行牛中兇惡有白
者芒出牛中七十日有攻吏像虹蜺出牛必有壞城
歸淮月暈圍牛損小兒災變也八度八月昏中氐中
去北辰一百十度
扶匡
扶匡七星在天柱東主桑蠶之事
天鷄
天鷄二星在狗國北主異鳥火星守兵起土守人饑

郭守敬的《授时历》

《授时历》，为中国元至元十八年（1281年）实施的历法，它的名称为元世祖忽必烈封赐，原称《授时历经》。这部历法以365.242 5日为一岁，距近代观测值365.242 2仅差25.92秒，精度与公历相当，但比西方早采用了300多年，我国也沿用了300多年，它对国外也产生了重大影响，朝鲜、越南都曾采用。

第二节
天文望远镜

天文望远镜是观测天体的重要工具，如果没有望远镜，就没有现代天文学，正是因为望远镜不断地在精度和远度，以及不同功能上的大幅度提升和创新，天文学才能得到长足发展，人类对天体和宇宙的认识才能更上一层楼。

1 世界著名的天文望远镜

加那利大型望远镜，位于西班牙帕尔马加那利群岛中的一个小岛上。它的镜面直径达10.4米，由36个定制的镜面六角形组件构成，花费高达1.75亿美元。

凯克望远镜，位于太平洋夏威夷岛，在海拔4 200多米人迹罕至的莫纳克亚山上，口径达10米。

另外还有非洲南部大型望远镜“SALT”、霍比-埃伯利望远镜、大型双筒望远镜（简称“LBT”）、昴宿星团望远镜、甚大望远镜等，都是很著名的天文望远镜。

2 我国著名的天文望远镜

南极巡天望远镜

南极巡天望远镜AST3是中国第二代南极天文光学设备，它是南极首套可远程遥控无人值守运行且口径最大的南极光学望远镜，它安装在位于南极大陆最高点冰穹A的昆仑站，包含了三台50厘米口径大视场望远镜，还配备有现在世界上最为先进的CCD相机。虽然它只是一个运行简单的望远镜，然而由于南极的极端条件，研制一台这样的望远镜系统非常困难，但我们成功了，它为引力波源的全球探测提供了重要观测数据。

郭守敬望远镜

郭守敬望远镜（LAMOST）是一台由我国科学家自主创新设计、极具挑战性的大视场兼大口径的新型光学天文望远镜，也叫作“王-苏反射施密特望远镜”。它在国际上首先发展了在一块镜面上同时实现几十块薄镜面的拼接和曲面形状连续变化的主动光学技术，以及新的数千根光纤的快速定位技术，这是全球光学天文望远镜的一个里程碑，它在科学上开创了大规模的光谱巡天，成为目前世界上光谱获取率最高的望远镜，因此被称为“光谱之王”。

知识点

光　谱

太阳光是白色的，当它通过三棱镜折射后，就会形成由红、橙、黄、绿、蓝、靛、紫顺次连续分布的彩色光，这也是彩虹的原理。因为太阳光是一种复色光，复色光中有着各种波长（或频率）的光，这些光在介质中有着不同的折射率，当复色光经过色散系统，比如棱镜、光栅分光后，波长不同的光线会因出射角的不同而发生色散现象，投映出连续的或不连续的彩色光带，简单而言，就是光的各种颜色分布，而这些被色散开的单色光按波长（或频率）大小而依次排列的图案，就是光谱，全称为光学频谱。天文学家只要得到星体的光，就能通过光谱分析、了解星体的物质构成了。

第二章 射电天文学与射电望远镜

射电天文学是天文学的一个分支，它通过电磁波频谱以无线电频率研究天体，而它观测和研究来自天体的射电波的基本设备主要是射电望远镜。对于历史悠久的天文学而言，射电天文学用这种创新性的方法，给未来的天文学开拓了新的天地。在20世纪60年代的四大天文发现——类星体、脉冲星、星际分子和微波背景辐射方面，射电望远镜功不可没。四大天文发现都是射电天文学的成就。

第一节 射电天文学

1 射电天文学的诞生

19世纪60年代，詹姆斯·克拉克·麦克斯韦的麦克斯韦方程组已经显示出：来自恒星的电磁波辐射可以有任何的波长，不仅仅是可见光。一些著名科学家如爱迪生、奥利弗·洛奇、马克斯·普朗克都预言太阳应该会发射出无线电波，但因当时仪器技术有限，难以观测。直到20世纪30年代早期，美国贝尔电话公司的一位工程师卡尔·央斯基意外发现和辨识出天文学无线电波源。1937年，美国天文学家格罗特·雷伯修建了一台9米直径的抛物面碟形无线电望远镜，成为无线电天文学的先驱。第二次世界大战后，雷达技术被应用于天文观测，射电天文学开始得到大力发展。

2 射电天文学的定义

射电天文学，又名无线电天文学，是天文学的一个分支。它是应用无线电技术观测天体和星际物质所发射或反射的无线电波而进行天文研究的一门学科。

第二节 射电望远镜

1 射电望远镜的定义

射电望远镜是观测和研究来自天体的射电波的基本设备，它能够测量天体射电的强度、频谱及偏振等量。它的组成包括收集射电波的定向天线，放大射电信号的高灵敏度接收机，信息记录、处理和显示系统等。按设计要求分为连续和非连续孔径射电望远镜两大类。

2 巨大的抛物面天线

抛物面天线是指由抛物面反射器和位于其焦点上的照射器组成的面天线，它通常采用金属的旋转抛物面、切制旋转抛物面或柱形抛物面作为反射器，采用喇叭或带反射器的对称振子作馈源。

当导体上通以高频电流时，在其周围空间会产生电场与磁场。按电磁场在空间的分布特性，可分为近区、中间区、远区。远区内的电磁场能离开导体向空间传播，形成辐射场。发射天线能利用辐射场向更高远的空间传送信号。

3 射电望远镜的发展

1931年，美国新泽西州的贝尔实验室里，美国人卡尔·央斯基发现银河系中的射电辐射，开创了用射电波研究天体的新时代。他使用的是长30.5米、高3.66米的旋转天线阵，这是最早射电望远镜的雏形。后来美国人格罗特·雷伯在1937年成功制造出世界上独一无二的抛物面型射电望远镜，它的抛物面天线直径为9.45米，在1.87米波长取得了12度的“铅笔形”方向束，还测到了太阳和别的天体发出的无线电波。雷伯成为抛物面型射电望远镜的首创者。1946年，英国曼彻斯特大学建造了直径66.5米的固定型抛物面射电望远镜，1955年建成当时世界上最大的76米直径的可转型抛物面射电望远镜。与此同时，澳、美、苏、法、荷等国也竞相建造大小不同和形式各异的早期射电望远镜。20世纪60年代以来，美国、加拿大、澳大利亚等建造了一批射电望远镜。20世纪80年代后，欧洲的VLBI网、美国的VLBA阵、日本的空间VLBI相继投入使用，这是新一代射电望远镜的代表，它们在灵敏度、分辨率和观测波段上都大大超过了以往的望远镜。

固定型抛物面射电望远镜

全可转型或可跟踪型射电望远镜

部分可转型射电望远镜

第三章 “天眼”望远镜

500米口径球面射电望远镜简称FAST，我们亲切地称呼它为“天眼”。它是由中国科学院国家天文台主导建设，是具有我国自主知识产权、目前世界上最大单口径、最灵敏的射电望远镜。它的综合性能是著名的射电望远镜阿雷西博的10倍。它将在未来20至30年保持世界一流地位。截至2019年8月28日，“天眼”已发现132颗优质的脉冲星候选体，其中有93颗已被确认为新发现的脉冲星。2020年9月，“中国天眼”正式启动针对地外文明的搜索。

第一节
认识“天眼”

中国的“天眼”FAST，建造在贵州省黔南布依族苗族自治州平塘县克度镇大窝凼的喀斯特洼坑中。这是一项国家重大科技基础设施工程。它主要由主动反射面系统、馈源支撑系统、测量与控制系统、接收机与终端及观测基地等几大部分构成。“天眼”由我国天文学家南仁东于1994年提出构想，历时22年建成，于2016年9月25日落成启用。

第二节 “天眼”的秘密

1 为“天眼”挑选合适的“家”

大窝凼天坑接近圆形，直径约540米，恰好与“天眼”所需要的500米的大口径下陷地形差不多。另外，这个天坑形似一口大锅，很容易积水，因此排水很重要。大窝凼天坑恰好是喀斯特洼地，是个“落水洞”，有天然的排水功能，再加上这地方附近方圆五六千米，基本上是无人区，电磁波干扰少，非常适合建造“天眼”。

知识点

落水洞

落水洞是地表水流入地下的进口，它的表面就像是一个漏斗，一般是喀斯特地区从地上表面通向地下暗河或溶洞系统的垂直通道，它通常由垂直裂隙经水溶蚀扩大，又或者是暗河上面的网顶塌陷而形成，洞的大小和形状也各有不同，洞上的岩层裂隙就像是一种海绵和下水道，能吸取大量地表水流到地下，形成暗河，表面却能保持干燥。

2 全球最大的“锅”

射电望远镜最重要的指标参数就是其灵敏度，灵敏度越高，它探测微弱无线电的能力越强，而要提高灵敏度，就需要扩大射电望远镜的口径。“天眼”的索网结构直径500米，就像一只巨大的眼睛，眼球直径有500米，用它观测天体时，在它的球冠状主动反射面上形成一个300米直径的瞬时抛物面，并通过这个抛物面来汇聚电磁波，观测深空，因此，它的“视力”排名世界第一。

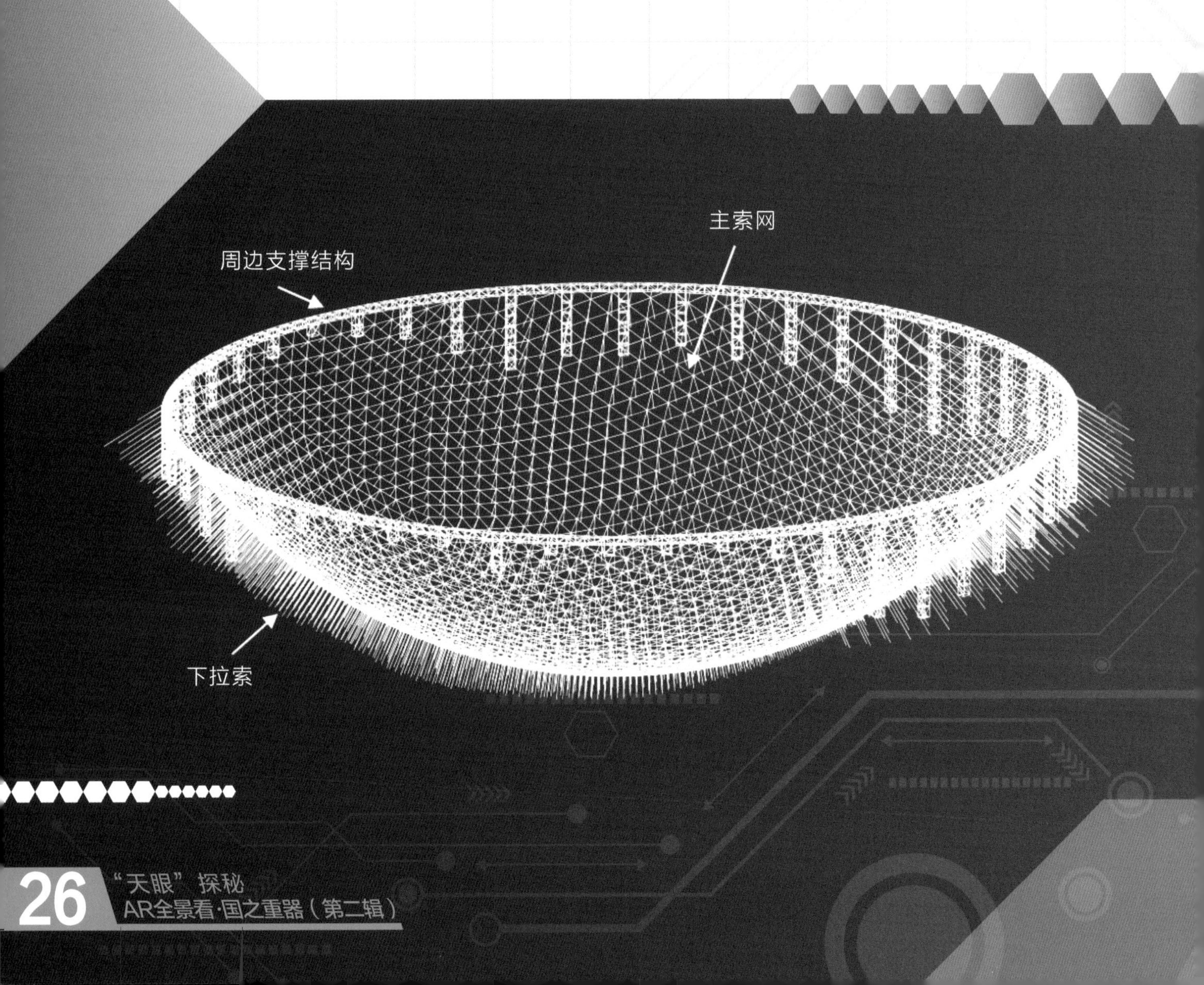

知识点

“天眼”的骨架——索网结构

索网结构是“天眼”主动反射面的主要支撑结构，也是反射面主动变位工作的关键点。“天眼”的索网结构直径500米，采用短程线网格划分，并采用间断设计方式，将主索之间通过节点断开。索网的制造与安装工程是“天眼”工程的主要技术难点之一，是目前世界上跨度最大、精度最高的索网结构，其工程的关键指标远远高于国内外相关领域的规范要求，在世界范围内没有可借鉴的经验。它的主索索段控制精度须达到1毫米以内，主索节点的位置精度须达到5毫米，整个索网总质量为1 300余吨，由于场地条件限制，全部索网结构须在高空中进行拼装。

3 “锅底”的秘密

“天眼”的“锅底”里，还吊着一个银色的球体，这就是“天眼”中的三大中国自主创新之一——轻型馈源支撑系统，它的核心部件就是馈源舱。什么是馈源舱？就是装馈源的舱体，它是“天眼”的“眼珠”。那馈源是什么呢？其实就是接收无线电波的一个装置，它能精确地接收到外太空的无线电波。馈源支撑系统用6根钢索拖着馈源舱在空中运动，让馈源主动地去接收无线电波。

知识点

馈源支撑系统

“天眼”的馈源支撑系统主要包括支撑塔、索驱动、馈源舱、舱停靠平台。整个系统采用了光机电一体化技术，使用了轻型索支撑馈源平台，再加上并联机器人进行二次精调，实现了望远镜接收机的高精度指向跟踪，也实现了馈源舱轻型化，突破了传统射电望远镜中馈源与反射面相对固定的刚性支撑模式，也极大地减小了馈源支撑结构的重量和尺寸，减少了对射电望远镜无线电波的遮挡，是大型射电望远镜建造技术的重大突破和我国的世界性创新之一。

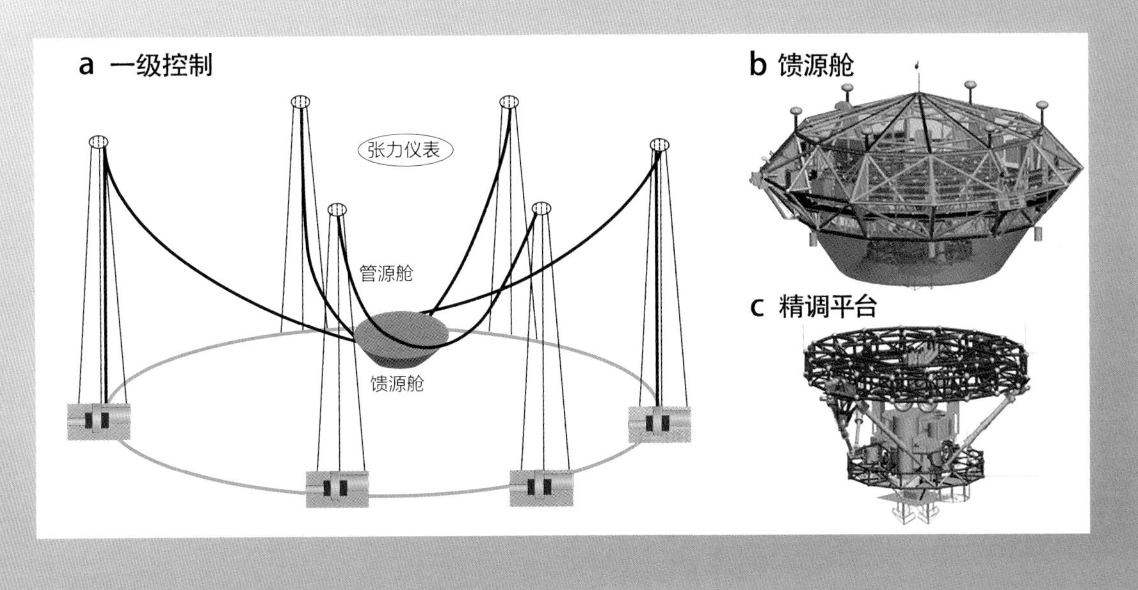

第三节 “天眼”的法宝

除了以上创新点，“天眼”要想正常运转起来，还需要具备两项关键技术：高精度的测量和高性能的接收机系统。

1 高精度的测量

“天眼”测量基准网是“天眼”的测量与控制系统，建设10余个毫米级精度基准站组成的测量基准网，通过9个近景测量基站，对反射面位形实时扫描，同时，利用激光跟踪仪及激光跟踪系统实现对馈源舱实时反馈的控制，通过现场总线系统对反射面进行主动变形，建设了实时检测和健康监测系统。

2 高性能的接收机系统

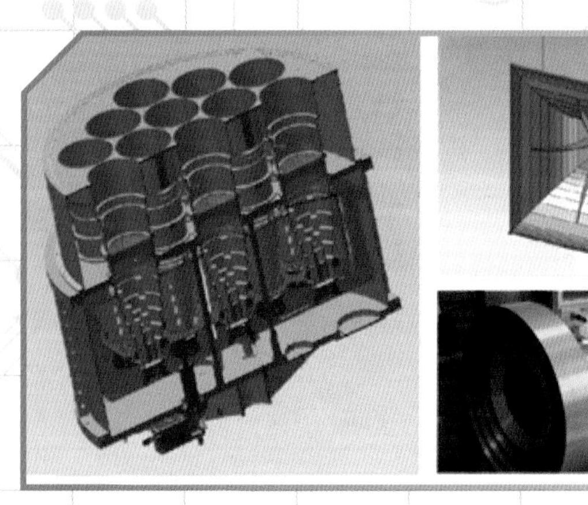

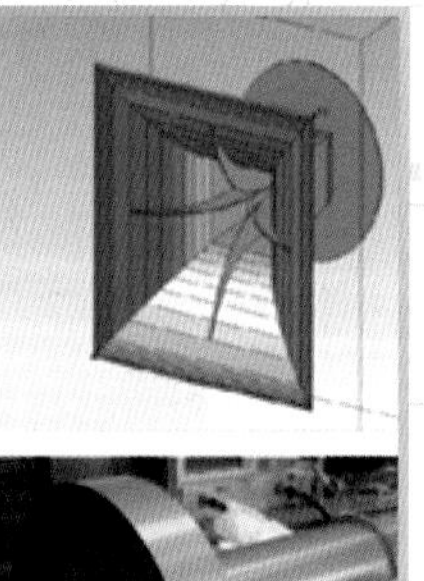

“天眼”的接收机系统中，包含着高性能的多波束馈源接收机，频率覆盖70MHz~3GHz，同时研发出馈源、低噪声制冷放大器、宽频带数字中频传输设备、高稳定度的时钟和高精度的频率标准设备等，并配置多用途数字天文终端设备，形成了最精细和灵敏的接收系统，以更好地探索宇宙。

第四节 电磁干扰保护

由于射电天文观测的方式主要是接收来自宇宙的电波信号进行研究，这些信号很多很杂，有的是连续波，有的是短脉冲，而且许多信号已经在太空中经过成千上万年的传播，损耗非常严重，信号强度微弱，所以射电天文观测接收机必须有足够高的灵敏度和分辨率，对周围的电磁环境要求非常严格。“天眼”周围，为保障射电望远镜电磁环境的安全，贵州省政府颁布了《贵州省500米口径球面射电望远镜电磁波宁静区保护办法》，以杜绝此类干扰。

30~500MHz天线

3~10GHz天线

500~3 000MHz天线

第五节 "天眼"的菜单

1 巡视宇宙中的中性氢

2020年6月，“天眼”首次在3个银河系外的星系中发现了中性氢原子，有望为破解暗物质的奥秘做出重要的贡献。中性氢是星系中广泛分布的原初气体，由星系中的重子物质构成，而星系中的一氧化碳辐射谱线则主要来自星系中心，科学家们通过中性氢和一氧化碳这两种物质的谱线速度和流量分布，可以估算不同半径处星系的质量，从而研究星系中物质和暗物质的分布。暗物质是宇宙中最神秘的物质，占据了整个宇宙物质质量的85%，一旦解开暗物质的奥秘，我们对宇宙的理解也将达到一个全新的高度。

2 观测脉冲星

脉冲星是一种高速自转的中子星，其密度极高，每立方厘米重达上亿吨，其自转速度很快，自转周期也十分精确，在宇宙中是最精确的时钟，也是宇宙信号塔，是指路明灯。宇宙那么大，如果没有导航，飞船就很容易迷失，如果能够发现更多的脉冲星，并对它们的信号进行标记，就能在宇宙中形成一个立体网络，给飞船指出方位。到目前为止，中国“天眼”已经探测到132颗优质的脉冲星候选体，而且探测到了有史以来最暗弱的毫秒脉冲星之一，这证明了“天眼”超强的灵敏度。

3 探测星际分子

星际分子，顾名思义，就是星际空间中的分子。由于“天眼”能看到更远、更暗弱的天体，通过探测星际分子、搜索可能的星际通信信号，寻找地外文明的概率将提升5~10倍，如果能找到跟生命相关的元素，诸如碳、氢、氧、氮等，就能证明这个区域可能存在或者演化成有生命、文明的星球，它将把我们探测宇宙天体的能力拓展到前所未有的地步。

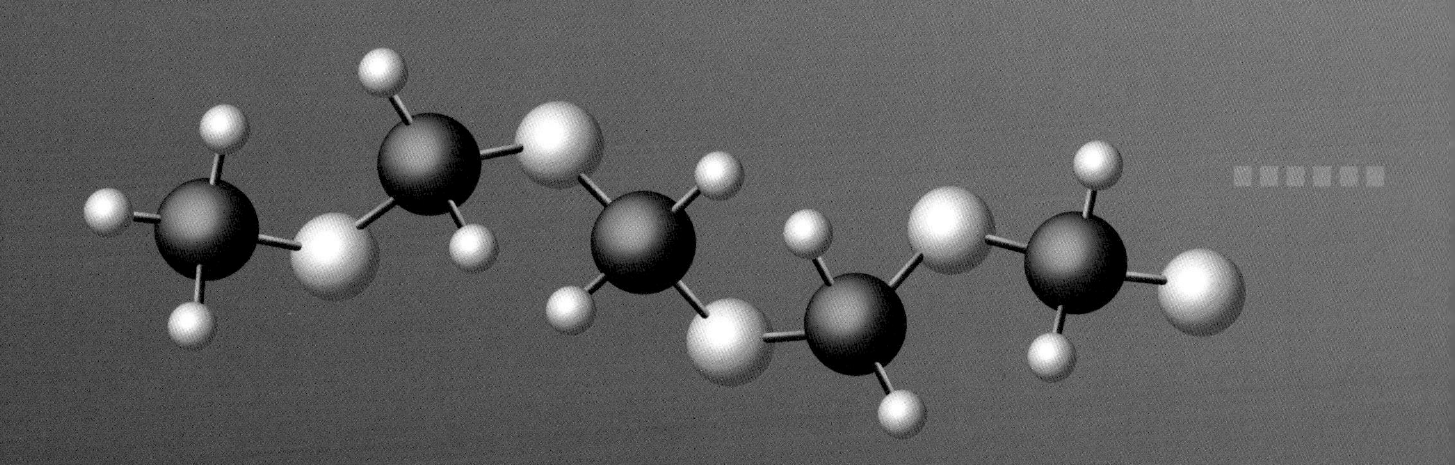

4 搜索星际通信信号

“天眼”作为世界上最强的射电望远镜，每时每刻都能“倾听”来自宇宙的声音。假如星际间有地外文明，它们的通信信号在星际间传播时，很有可能被“天眼”接收到，人类或许能找到外星人，揭开宇宙之谜。果然，“天眼”一投入使用，就接收到了外星信号，信号源位于1300多光年之外的宇宙深空，科学家正在对信号进行破译。

第六节
大功臣——“天眼”

“天眼”是目前世界上口径最大、最精密的单天线射电望远镜，它的设计综合体现了我国高科技技术创新能力，它将为世界天文学在宇宙大尺度物理学、物质深层次结构和规律等基础研究提供更大的助力，未来20～30年，它将保持世界一流设备的地位，并将吸引国内外一流人才和前沿科研课题，成为国际天文学术交流中心。

知识点

“天眼”奠基人——南仁东

南仁东（1945—2017），从1994年起，一直负责“天眼”的选址、预研究、立项、可行性研究及初步设计。他编订了“天眼”科学目标，全面指导工程建设，主持攻克了索疲劳、动光缆等一系列技术难题。2016年，终于迎来了“天眼”的诞生。可就在“天眼”睁开双眼不久，他却永远地闭上了双眼，离开了我们。他默默坚守、淡泊名利，为科学事业奋斗到了生命的最后一刻。

SKA
SKA-P

第四章 面向未来

射电望远镜担负着探测遥远的地外文明、寻找第一代诞生的天体、太空天气预报等重要的任务，未来，平方公里射电阵，又称SKA，将会给天文学带来革命性的发展。SKA由数千个较小的碟形天线构成，它有超高的灵敏度、超大视场、超快巡天速度、超高分辨率，与传统望远镜相比，它更像是一个“软件”望远镜，但它产生的数据流却远远超出全世界网络流量的总和。它将人类的视线拓展到宇宙深处，在多个自然科学领域，如宇宙起源、生命起源、宇宙磁场起源、引力本质、地外文明等方面，取得重大突破。

第一节
平方公里射电望远镜阵列基本情况

平方公里射电阵计划开始于1993年，国际无线电科联在日本京都举行的大会上，有10个国家的天文学家联合提议建造巨型射电望远镜阵列，称之为平方公里射电阵，它是一个巨型射电望远镜阵列。命名为“平方公里”是为了凸显出它覆盖的面积之大。它不是一个直径达到1公里的射电碟形天线，而是由数千个较小的碟形天线构成。目前，有20个国家参与，投入20亿美元，项目分布在澳大利亚、新西兰和南非等地，预计于2024年完工， 2030年才能投入使用。

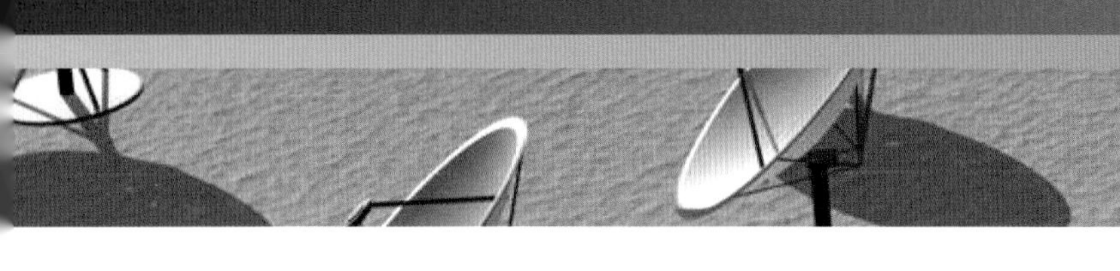

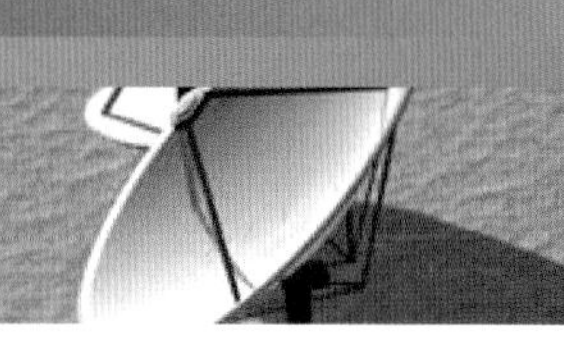

第二节
平方公里射电望远镜阵列先进性

宇宙中充斥着各种各样的电磁波，这些电磁波强弱不一，没有灵敏的接收和探测器，很难发现它们。而平方公里射电望远镜阵列一旦建造成功，它的灵敏度将是地球上任何射电望远镜阵列的50倍，解析度更是后者的100倍。它能捕捉到极为微弱的宇宙电磁信息，还能发现人为产生的无线电信号，能收集从宇宙大爆炸到星系出现之前的那段时期的信息，研究星系和恒星的产生、发展，探索宇宙的暗能量和暗物质，解释生命起源，探索可能存在的外星生命，揭开宇宙的奥秘。它将给天文学的发展带来前所未有的革命。